Heerbann und Gerichtsbann

Über das Wesen der öffentlichen Gewalt

Von

Professor Dr. iur. et phil. Erich Jung

Sonderabdruck aus der Festschrift für Professor Traeger

1926

Verlag von Georg Stilke, Berlin

Ernst Zitelmann schreibt in der gerade vor seinem Tode noch zum Abschluß gebrachten Selbstdarstellung[1]) von den staatsrechtlichen Erlebnissen der letzten Jahre: „Wir konnten den rätselhaften Vorgang der ursprünglichen Rechtsentstehung in seinem ganzen Verlauf beobachten. Vor unseren Augen wurde Recht zu Unrecht und Unrecht zu Recht; der Rechtsbrecher von gestern wurde der Herrscher von heute, und der Rechtsbrecher von heute war der Herrscher von gestern . . . . .

Mit Inbrunst wendet sich die durch so viele Stürme und durch den Anblick so vieler Vergänglichkeit erschütterte Seele der Rechtsphilosophie als der das Recht wertenden Wissenschaft zu."

Zeiten des Umsturzes — wenn altüberliefertes Herkommen und geschichtliches Ansehen der bestehenden Rechtseinrichtungen nicht mehr ausreichen, ihre Geltung zu sichern — stellen auf eine höchst dringliche und unabweisbare Art die Fragen nach dem Geltungsgrunde der bestehenden Rechtsinhalte. Solche Zeiten beleben geradezu die rechtsphilosophischen Studien. Robespierre glaubte als handelnder Staatsmann durchaus nach den Lehren des Gesellschaftsvertrages zu handeln, und pflegte „das Evangelium von Jean Jacques Rousseau" stets bei sich zu tragen.

Auf dem Gebiete des Privatrechts ist vielleicht die wichtigste rechtsphilosophische Frage die nach der Begründung des Privateigentums; also die Rechtfertigung von Privateigentum, Privaterbrecht

[1]) Die Rechtswissenschaft der Gegenwart in Selbstdarstellungen. Verlag Meiner, 1924.

und der privaten Wirtschaft überhaupt gegenüber den sozialistischen und kommunistischen Lehren. Die wichtigste rechtsphilosophische Frage auf dem Gebiete des öffentlichen Rechts ist die nach dem Wesen und der sittlichen Berechtigung der öffentlichen Gewalt; gegenüber der anarchistischen und pazifistischen Lehre, wonach diese öffentliche Gewalt, also Rechtszwang im Innern und Machtausübung nach außen, ebensosehr Willkür und Unrecht sei wie jede Gewaltanwendung eines Menschen gegenüber einem andern Menschen.

Zeiten der Umwälzung rollen diese Fragen auf und zwingen dazu, nach einer Antwort mindestens zu suchen; auf die Gefahr hin freilich, die letzte und auch für andere überzeugend beweisbare Begründung dieser Einrichtungen auf der derzeitigen Stufe des gesellschaftswissenschaftlichen Erkenntnisstrebens noch nicht geben zu können; die verstandesmäßige Begründung von Einrichtungen, die in jahrtausendelanger staatlich-gesellschaftlicher Erfahrung der Menschheit allmählich erwachsen sind, nicht von einem einzelnen Gehirn planmäßig und nach Verstandesgründen geschaffen; und bei denen daher, wie bei organischen Entwicklungen überhaupt, wo „erst die Frucht aufklärt, worauf es im Keime abgesehen war" (Savigny), der Einzelne und die Jetztzeit die obersten Ziele und damit Gründe (causa finalis) der triebhaft sich vollziehenden Entwicklung noch nicht einzusehen vermag. Es war bekanntlich der Fehler des „selbstklugen"[1]) Zeitalters, des 18. Jahrhunderts und der französischen Umsturzzeit, diese Begrenztheit ihrer Einsicht in die geschichtlichen Entwicklungen verkannt zu haben. Aber der Fehler, in den, mit bis zu einem gewissen Grade begreiflicher Übertreibung nach der anderen Seite, die sogenannte geschichtliche Schule der Rechtswissenschaft verfiel, war im Grunde noch abwegiger und jedenfalls noch mehr von den Zielen des menschlichen Zusammenlebens abträgig; nämlich die Lehre, daß der Verstand überhaupt darauf verzichten müsse, eine andere Begründung für die rechtlichen Einrichtungen und Begriffe zu geben als die, daß eben eine einmal bestehende öffentliche Gewalt sie von einem geschichtlich nachweisbaren Zeitpunkt ab gewollt habe; auf

[1]) Verdeutschung von Goethe für rationalistisch.

welche am letzten Ende übrigens schlechthin skeptische und verneinende Aufstellung im Grunde auch jetzt wieder die Kelsensche Schule[1]) hinaus kommt.

An einer häufiger angeführten Stelle der Pandekten (l. 20, 21 Dig. I. 3), die aus Worten des Neratius und Julianus zusammengestellt ist, heißt es: man dürfe nicht bei allen geschichtlichen Rechtseinrichtungen nach dem Grunde fragen wollen; sonst werde vieles Bestehende in Zweifel und Umsturz geraten (Alioquin multa ex his quae certa sunt subvertuntur). Aber wenn die Frage doch aufgerollt wird, wenn der Zweifel nun doch einmal erhoben ist, so muß eben die Antwort gesucht werden. Und der tiefere Grund, die ratio, ist auch tatsächlich immer vorhanden, wenn er auch zuweilen sehr schwer zu erkennen ist. Es ist die Lehre einer müden, untergehenden Welt, die uns in den Worten des Neratius entgegentritt. Die Überzeugung, daß das Urteil und die Einsicht der eigenen Zeit beschränkt ist, und der Ergänzung durch Geschichte und geschichtliche Erfahrung bedarf, braucht uns noch nicht zu dem Verzichte überhaupt auf eine Erklärung zu bringen, braucht uns die Hoffnung nicht zu rauben, daß eine tiefere Einsicht in die geschichtlichen Anfänge einerseits und nach den obersten Entwicklungszielen hin andererseits uns die Erkenntnis bringen können, die der augenblick-

---

[1]) Solche und verwandte Auffassungen, wie auch u. a. der Absolutismus des Thomas Hobbes, glauben vielfach von sich selbst, sie enthielten eine starke Bejahung von Staatsleben und Rechtsordnung. Sie sind aber tatsächlich und in ihren Wirkungen durchaus verneinend und zerstörerisch; man raubt der Rechtsordnung das Beste von ihrer Hoheit, von ihrem Majestätsrecht, indem man sie ausschließlich auf die wechselnden Befehle wechselnder Obrigkeiten stellt; man versagt ihr so jede tiefere menschliche Begründung, aus dem Gemeinschaftsleben heraus und aus den sittlichen Begriffen, die im Zusammenleben mit Artgenossen sich entwickeln und es tragen. Ein gutes Beispiel für diesen Sophismus (aus der Spätzeit des Griechentums, wie die oben im Text gleich nachfolgenden aus der Spätzeit Roms und aus der heutigen Spätzeit Europas) bringt Ed. Mayer in „Blüte und Niedergang des Hellenismus", 1925, S. 44: Seleukos will seine Gattin Stratonike an seinen Sohn aus früherer Ehe abtreten, als Gattin des Sohns. Dieser orientalische Brauch widerspricht naturgemäß aufs äußerste der Sitte der Griechen und Macedonier; Seleukos sucht es diesen mundgerecht zu machen durch den Hinweis: es sei „aller Welt gemeinsames Gesetz, daß immer gerecht sei, was der König bestimmt . . . . . weißt Du nicht, daß Dike und Themis darum Beisitzer des Zeus sind, damit alles, was der Machthaber tut, gerecht und sanktioniert sei."

liche Stand und die Enge der Aktualität uns zunächst zu versagen scheint. Daß wir uns zum Gruße die rechte Hand geben, scheint heute ganz willkürlich, Sache der Konvention, „rein positiv". Nun, wahrscheinlich (Jhering) bedeutet es ursprünglich, daß man damit dem Begrüßten die Angriffshand zur Verfügung stellt, und das wäre allerdings eine sehr deutliche und wirksame Versicherung, daß man nichts Böses beabsichtigt.

Jede Rechtseinrichtung, die längere Zeit unter Menschen bestanden hat, mußte dazu unzählige Male, nämlich jedesmal bei der einzelnen Geltendmachung gegenüber dem Verpflichteten, sich durchsetzen, und muß dabei, durch den Sieg und ihr Weiterbestehen, trotz des Widerstandes, ihre innere Vernunft bewähren. Auch das allerpositivste hat seine besonderen Gründe, d. h. einen tieferen Grund als den Willen einer in einen bestimmten geschichtlichen Zeitpunkt im Besitze der Gerichtshoheit und der gesetzgebenden Gewalt befindlichen Machtstelle; jene ist übrigens das Ausschlaggebende, nicht die spät auftretende sogenannte „gesetzgebende Gewalt"[1]).

Im fünften Abschnitt des ersten Buches unseres Bürgerlichen Gesetzbuches sind Verjährungsfristen für verschiedene Ansprüche gegeben, mit sehr verschiedenen Zahlen, die zwischen zwei, vier, dreißig Jahren und Unverjährbarkeit schwanken. Diese Zahlen scheinen ganz willkürlich festgesetzt; und doch hat die Verschiedenheit ihren besonderen Sinn. Der Grundgedanke der Verjährung ist natürlich nicht der, daß durch Zeitablauf Unrecht zu Recht werden soll, sondern der, daß man sich auf einfache Weise gegen Ansprüche soll verteidigen können, die auf zeitlich weit zurückliegenden und daher regelmäßig für den Beweis stark verdunkelten Tatsachen beruhen. Daher Geschäfte des täglichen Lebens, die man häufig wiederholt, die daher wenig im Gedächtnis haften und für die man sich die Beweise regelmäßig nicht

[1]) Diese zunächst wohl Widerspruch weckende Behauptung kann hier nicht näher begründet werden; ich werde die Begründung an einem anderen Ort geben und verweise hier nur andeutungsweise auf die tatsächlich bestehende, wenn auch nie verfassungsrechtlich anerkannte rechtsändernde Gewalt des römischen Prätors und die gesetzgebende Gewalt der deutschen Landeshoheiten, die sich beide nur aus der Handhabung der Gerichtshoheit entwickelt haben. Vgl. im übrigen dazu: Erich Jung: Rechtsregel und Rechtswissen; Arch. ci. Pra. Bd. 118.

zu sichern pflegt, in sehr viel kürzerer Frist der Verjährungseinrede ausgesetzt sein müssen als andere, oder gar als aus dem Grundbuch beweisbare Ansprüche, wo eine Verdunkelungsgefahr überhaupt nicht besteht und daher die Verjährungseinrichtung überflüssig ist. Im Völkerrecht gibt es sozusagen überhaupt keine Verjährung, weil die großen geschichtlichen Ereignisse zwischen Völkern und Staaten regelmäßig mit genügender Deutlichkeit für den Erinnerungsbestand festgehalten werden; der Raub Straßburgs vom Jahre 1681 galt uns Deutschen mit Recht im Jahre 1871 noch nicht als verjährt.

Also die Frage nach dem Recht des Rechtes oder nach der sittlichen Begründbarkeit des Rechtszwangs und der öffentlichen Gewalt — nach der sittlichen Begründbarkeit, d. h. ihrer möglichen Übereinstimmung mit einem obersten Werturteil — muß also gegeben werden können. Die Aufgabe kann auch nicht dadurch abgelehnt werden, daß man sie als „metajuristisch" bezeichnet, wie die Kelsensche Schule tut, die, wie schon zu sagen war, im Grunde ebenso verneinend ist wie die geschichtliche Schule der Rechtswissenschaft[1]) und deren Rechtsphilosophie, die Stahlsche, die ein Postulat, aber keine Erklärung gibt[2]).

Die grundsätzliche Frage, die den Gegenstand dieser Betrachtungen bildet, kann in zweierlei Formen auftreten; zum ersten, als die Frage nach der Berechtigung überhaupt einer öffentlichen Stelle, Gewalt auszuüben gegen ihre Mitglieder, um ihren Geboten Gehorsam zu ver-

[1]) Vgl. Eugen Dühring, Grundlegung der Volkswirtschaftslehre, S. 47: „Wir haben einen Historismus, der es im besten Falle zu einer beschreibenden, aber nur nie zu einer urteilenden . . . . . Wissenschaft bringt. . . . . . Es heißt geradezu die Wissenschaft leugnen, wenn man in der Veränderung das Beharrende verkennt. Letzteres geschieht aber durch diejenige einseitige geschichtliche Auffassung, ... die nur darstellt und beschreibt, aber nie mit einem Urteil lästig werden will. . . . . . Diese Resignation hat etwas von der Urteilsenthaltsamkeit der Pyrrhonier . . . . . ."

[2]) Die Autorität, auf die Stahl die öffentliche Gewalt begründen will, ist ja gerade das, was erklärt werden soll. Seine Staatslehre ist daher im Grunde nicht viel anderes als Onkel Bräsigs Erklärung der Armut aus der Pauvreté. Dabei hatte Stahl gerade den friderizianischen Staat vor Augen, dessen Sonderart und Leben offenbar Carlyle im Sinne hatte, als er, zunächst freilich anknüpfend an den germanischen Staat des Mittelalters (in Past and Present besonders), seine neue und m. E. höchst aufschlußreiche Staatslehre aufstellte. (Vgl. sofort unten.)

schaffen; also in der grundsätzlichen, hauptsächlich von der anarchistischen Lehre aufgerollten Form des Zweifels. Und sie kann auftreten an einer einzelnen Stelle des Staatslebens, also als die Frage, ob diese einzelne Befehlsäußerung einer bestehenden öffentlichen Gewalt rechtlich verbindlich ist. In dieser letzten Form besonders wird der Zweifel in Zeiten der Umwälzung und der Änderung bestehender Gewalten unmittelbar für die Gerichte dringlich und heischt schlechthin eine Beantwortung; mit Ja oder Nein; der Richter darf bekanntlich niemals, bei Strafe der Rechtsverweigerung (Deni de iustice), sagen, er wisse nicht, was hier rechtens ist; daraus allein schon erhellt, nebenbei bemerkt, mit voller Deutlichkeit, daß die Rechtslehre keine reine Wissenschaft ist; „Werturteile und Willensentscheidungen" überschrieb Gustav Rümelin schon im Jahre 1891 eine kleine Schrift zur Rechtsquellenfrage, und bezeichnete damit knapp und scharf die methodologische Kernfrage der Rechtsphilosophie, die ja, nach langer Vernachlässigung durch die geschichtliche Schule, an der Rechtsquellenfrage oder der Frage der Rechtslücken sich wieder belebt hat.[1])

Eine im 102. Bande der Entscheidungen des Reichsgerichts in Zivilsachen abgedruckte Entscheidung des vorläufigen Staatsgerichtshofes beschäftigte sich mit der Frage, ob eine am 15. November 1918 erschienene Kundgebung, unterschrieben: Der Arbeiter- und Soldatenrat, rechtswirksam sei und bejahte dies; „Dieser Arbeiter- und Soldatenrat hat die tatsächliche Herrschaft im Lande Braunschweig längere Zeit hindurch ausgeübt . . . . die von ihm erlassenen Gesetze müssen daher im Lande Braunschweig ebenso für rechtswirksam erachtet werden, wie die Gesetze der Volksbeauftragten im Reiche."

Diese Brücke vom bloß Tatsächlichen zum Rechtlichen bildet, wie mir scheint, schon die Schwäche der positivistischen, der sogenannten geschichtlichen Schule der Rechtswissenschaft; deren allgemein-begriffliche Grundlagen oder deren Rechtsphilosophie, falls man überhaupt von einer solchen bei ihr reden kann, in unserer Umsturzzeit ebenso

[1]) Vgl. Francois Geny, Methode d'interpretation et sources en droit privé positif. Paris 1899. Erich Jung, „Von der logischen Geschlossenheit des Rechts", 1900.

innerlich zusammengebrochen und durch die Tatsachen widerlegt worden sind, wie die naturrechtlichen in der französischen Umsturzzeit. Die geschichtliche Schule hatte ihren grundlegenden Begriff — den des Gewohnheitsrechts — genau auf diese Weise, nämlich durch den unmöglichen (irrationalen, „metajuristischen") Schluß vom Tatsächlichen auf das rechtlich Bindende zu gewinnen versucht; jedoch, von Puchta bis Rümelin und Zitelmann, ohne überzeugenden Erfolg. Denn es führt eben vom Tatsächlichen zum Rechtlichen kein Weg, und es kann vor allem auf diese Weise niemals die Neuentstehung von Gewohnheitsrecht erklärt werden — was auch Stammler gelegentlich hervorhebt. Das Gewicht der Übung und die Geltung des Gewohnheitsrechts beruhen vielmehr darauf,[1]) daß der Gegner gemäß einer mehrfach wiederholten Übung und selbst nur auf Grund einer einzigen bekannt gewordenen Vorentscheidung seinerseits ein bestimmtes Verhalten ihm gegenüber erwartet; daß er die Abweichung davon, die Enttäuschung einer begründeten Erwartung als sachliche Verletzung empfindet[2]). Die Ausführung des Staatsgerichtshofes, daß die Kundgebung des „Arbeiter- und Soldatenrates" rechtswirksam sei, weil dieser die tatsächliche Macht in Händen gehabt habe, hat sicherlich in dieser Form keine große Schlagkraft, obwohl sie ganz im Sinne der geschichtlichen Schule ist. Trotzdem ist die Entscheidung sicher sachlich zutreffend; aber man kann sie m. E. sehr viel überzeugender begründen als mittels dieser einfachen Wiederholung der Behauptung oder Vorwegnahme des zu Begründenden (petitio principii), die der Staatsgerichtshof gibt. Aus positivem Recht, aus Verfassungsvorschriften kann sie freilich nicht entnommen werden; deshalb ist sie aber noch lange nicht „metajuristisch", wie, typischerweise, die Kelsensche Schule will, sondern durchaus begreiflich und mit Rechtsgründen zu belegen. Offener Kampf unter den Rechtsgenossen ist eben gerade nur als Notwehr zulässig, d. h. wo er noch die erst

[1]) „Hieran ist festzuhalten", wird schon zu einer feststehenden Wendung des Reichsgerichts; sie wird vielleicht später als Kennzeichen verwendet werden dürfen, ob und von welchem Zeitpunkt ab man das schon so vielfach entstandene neue Spruchrecht zum BGB. als bindendes Gewohnheitsrecht ansehen darf.

[2]) Vgl. Karl Schmitt, Gesetz und Urteil; Erich Jung, Rechtsregel und Rechtsgewissen, im Arch. f. d. ziv. Prax., Bd. 117.

drohende Rechtsverletzung verhüten kann; in dem Augenblick, wo die Rechtsänderung, mag deren rechtswidrige Natur bei ihrer Entstehung noch so zweifellos sein, sich verwirklicht hat, als Zustand besteht, muß sie Schutz genießen gegen „verbotene Eigenmacht“, d. h. dürfen nur Gericht und rechtskräftiges Urteil beziehentlich Gesetz ihre Beseitigung herbeiführen. Das Friedegebot der neuen öffentlichen Gewalt muß deshalb von den unter dieser Gewalt Lebenden rechtlich beachtet werden spätestens von dem Zeitpunkt ab, wo der innere Kampf mit einer gewissen, wenn auch äußerlichen Entscheidung und dem Anschein einer gewissen Dauerhaftigkeit beendigt ist[1]). Denn von diesem Augenblick ab ist die erneute gewaltsame Störung dieses Friedens, auch wenn sie in der besten Überzeugung und zum Schutze dessen beabsichtigt ist, was noch kurze Zeit vorher unzweifelhaft die geltende Rechtsordnung war, gemeingefährlicher als das Weiterbestehen der wenn auch rechtlos entstandenen obersten Gewalt, die nun eben doch, mit der Beendigung des inneren Kampfes, bewiesen hat, daß sie die wichtigste Aufgabe der öffentlichen Gewalt, die innere Friedenswahrung, erfüllen konnte. Aber damit wird freilich das Ergebnis der nachstehenden Erörterungen schon vorausgenommen; es wurde hier nur einleitungsweise auf jene Entscheidung hingewiesen, um zu zeigen, wie dringlich und unmittelbar bedeutsam für die nächsten Tagesaufgaben des Rechtslebens diese obersten rechtsphilosophischen Fragen werden können.

Die sogenannte naturrechtliche Schule bezeichnet in unserer, der nordeuropäischen, christlich-germanischen Kulturwelt — im Gegensatz

[1]) Darin, in der „gewissen Dauer“, liegt allerdings eine Schwierigkeit, ebenso wie beim Gewohnheitsrecht, für welches der neue Codex juris canonici Benedikts XV. den bemerkenswerten aber sicher doch nicht nachahmenswerten Versuch macht, durch feste zahlenmäßige Zeitgrenzen die Entstehung zu reglementieren. Das Reichsgericht sagt im 100. Bande der Zivilsachen, S. 27: „Der durch die Umwälzung geschaffenen neuen Staatsgewalt kann die staatsrechtliche Anerkennung nicht versagt werden, die Rechtswidrigkeit ihrer Begründung steht dem nicht entgegen.“ Nach außen, also völkerrechtlich, ist dieser letztere Satz sicher richtig; ob auch nach innen, d. h. verfassungs- und verwaltungsrechtlich, ist eine von der völkerrechtlichen verschiedene Frage. In der betr. Entscheidung heißt es weiter: „Die neue Staatsgewalt bestand auch schon am 12. November, dem Tage, an dem der Kläger den Schaden erlitten hat . . . . . Der von dem Beklagten gezogene Vergleich mit der Münchener Räterepublik versagt, weil diese nur lokaler und vorübergehender Natur war.“

zur mittelmeerländischen, antiken, wo ganz ähnliche äußerste Entwicklungen schon durchlaufen worden sind — den Beginn der Kritik an der bestehenden Rechts- und Gesellschaftsordnung, oder wenigstens den Beginn einer planmäßigen und lehrhaften Erörterung dieser Kritik. Die naturrechtliche Schule geht zurück auf die Anstöße der Reformationszeit[1]) oder auch noch etwas weiter zurück auf den Zusammenbruch des gewaltigen Gebäudes der Christenheit in den Kämpfen zwischen Kaiser und Papst. Die hier betrachtete rechtsphilosophische Frage, die Frage nach dem Recht der öffentlichen Gewalt, oder wie eine gerechte Regierung zu führen sei, glaubte die naturrechtliche Schule lösen zu können durch die Lehre vom Gesellschaftsvertrag. Diese will, richtig verstanden, nicht eine Aufstellung machen über die geschichtliche Entstehung der Staatsgewalten, was ja auch zu sehr der geschichtlichen Erfahrung widersprochen hätte, sondern sie will einen Maßstab geben zur Nachprüfung behördlicher Maßnahmen[2]); diese seien nur dann gerecht, wenn die Rechtsgenossen sie auch einer von ihnen selber durch vorgängigen Zusammenschluß (pactum unionis) und Unterwerfung unter eine öffentliche Gewalt (pactum subjectionis) geschaffenen Befehlsstelle zugebilligt hätten. Diese Begründung der öffentlichen Gewalt lag an sich nahe. Man sah im gesellschaftlichen Leben stets Gewaltmaßnahmen des Einen gegen den Andern, durch Gerichtsvollzieher oder in Notwehr, und hielt diese Gewaltmaßnahmen richtigerweise doch nicht für Friedensbruch, weil sie nur die Antwort waren darauf, daß das Gegenüber etwas nicht geleistet hatte, was es versprochen hatte oder daß es in die dem anderen allwirksam geschützten Rechtsgüter unbefugt eingegriffen hatte; so kann man den Inhalt eines Privatrechts (jus inter singulos) — also schon mit Ausschluß des untersten Verbandsrechts,

[1]) „Deutschland hat die bedeutendste Revolution der neueren Zeiten, die Reformation gemacht", schrieb Ernst Renan, am 13. September 1870 an David Friedrich Strauß; das ist richtig und greift übrigens in keiner Weise der Meinung vor, wie man diese geschichtliche Tat der Deutschen wertet; d. h. ob man jene Umwälzung für nützlich oder schädlich hält.

[2]) Vgl. Erich Jung, Besprechung von M. Liepmann: Die Rechtsphilosophie des J. J. Rousseau und F. Haymann, Jean Jacques Rousseaus Sozialphilosophie in der Zeitschr. für französische Sprache und Literatur von Körting und Koschwitz, Bd. XXI, 1900.

wie Familien- und Erbrecht — leidlich erschöpfend umgrenzen. Die anarchistische Lehre von der allein sittlich zu rechtfertigenden Vereinbarungsgemeinschaft, im Gegensatz zur jetzt bestehenden staatlichen Zwangsgemeinschaft, ist nur eine Weiterbildung der Lehre vom Staatsvertrag, die wohl ihre wissenschaftlich beste Ausbildung durch Thomas Hobbes gefunden hat, ihre flachste und daher bekannteste durch Rousseau.[1])

Daß diese rein privatrechtliche, d. h. lediglich von einzelnen Menschen, dem Atom der Gesellschaftsbildung, ausgehende Erklärung beziehentlich Rechtfertigung des staatlichen Lebens unzulänglich ist, d. h. daß sie schlechthin das nicht leistet, was sich ihre Urheber davon versprechen, ist leicht zu erweisen. Rousseau verlangt — vom Standpunkt der Vertragslehre aus nur folgerichtig — für den grundlegenden Vertrag *Einstimmigkeit*[2]). Mit anderen Worten, Rousseau kennt nicht den öffentlich-rechtlichen Begriff „Beschluß", sondern nur den zivilrechtlichen „Vertrag" und muß daher schon jeden Mehrheitsbeschluß, der gegen den Willen einer überstimmten Minderheit zustande kommt, für ungerecht und willkürhaft erklären. Das ist aber nun sicher falsch, und zwar von dem Standpunkte *jeder* Staatsauffassung aus. Es soll nicht einmal — weil es etwas zu billig wäre — besonders betont werden dagegen, daß gerade die Staatslehre, die sich auf Rousseau beruft, d. h. die demokratisch-parlamentarische Regierungsform, diesen *Mehrheitsgrundsatz* ja zur

---

[1]) Zielinski, Cicero im Wandel der Jahrhunderte: „Rousseau, in dem die Instinkte der Masse ihre Verkörperung gefunden hatten; einer, der zu ihnen, den großen Persönlichkeiten der Aufklärungszeit, allen jenen Haß fühlte, den dem Massenmenschen — wenn der Ausdruck erlaubt ist — die Persönlichkeit einzuflößen pflegt . . . . Rousseau hatte zu viel Empfindlichkeit und zu wenig scharfen Verstand. — Rousseau war kein innerlich freier Mann." Der große Stendhal-Beyle schreibt von Rousseau: „Rousseau ist immer nur mit sich beschäftigt und mit der Wirkung, die er auf andere ausübte." „Half-mad Rousseau", sagt Carlyle, kurz und grob. — „Ein Mann von krankem Herzen und einer irritablen, in sich gekehrten Einbildungskraft wie Rousseau", schreibt Freiherr von Stein in einem Brief vom 9. September 1792 an Frau von Berg.

[2]) Rousseau, Vom gesellschaftlichen Vertrage, Deutsch von Franz Wilhelm Jung, Frankfurt 1805, 5. Kap. a. E.: „Die gesetzliche Kraft der Stimmenmehrheit gründet sich selbst schon auf Übereinkunft und setzt wenigstens einmal Einhelligkeit voraus." Das fällt schon damals dem Übersetzer auf: „Rousseau setzt *selbst bei der gesetzlichen Kraft der Stimmenmehrheit Einhelligkeit voraus*." Anmerkung des Übersetzers zum 8. Kap.

Grundlage ihres ganzen Aufbaues machen muß. Aber auch von einem Standpunkt ganz entgegengesetzter Art, also wenn die Träger der Regierungsgewalt nach dem Autoritäts-Grundsatz bestimmt und mit möglichst unbeschränkter Machtvollkommenheit ausgestattet werden — Thomas Hobbes[1]) kam bekanntlich von der gleichen Grundlage, nämlich der Lehre vom Gesellschaftsvertrag, zu diesem dem Ergebnis Rousseaus entgegengesetzten Schluß — muß man zu dem gleichen Schluß, nämlich der Unentbehrlichkeit und daher Berechtfertigtheit des Mehrheitsgrundsatzes kommen; ohne ihn wäre tatsächlich das Zusammenleben schlechthin nicht möglich; nämlich ohne den Grundsatz, daß innerhalb einer Gruppe, wenn auf andere Weise, durch Ansehen einer bestimmten Stelle, durch Befehl, die Einheit des Handelns nicht zu erreichen ist, der Wille der Mehrheit als der Wille der Gesamtheit angenommen wird.

Der Satz, daß schon das Überstimmen als solches, das Sich-fügenmüssen der Minderheit, ungerecht ist, würde, folgerichtig durchgeführt, jedes gesellschaftliche Zusammenleben unmöglich machen, das über die alleranfänglichsten Gruppenbildungen, wie Familie und Haus, die noch rein autoritär möglich sind, hinausgeht; es würde durch diese grundsätzliche Verneinung des Mehrheitsrechts jedes etwas höher entwickelte gesellschaftliche und staatliche Leben verneint; ebenso wie durch das grundsätzliche Leugnen jeder Autorität. Jener Satz ist deshalb ganz sicher unrichtig. Zwar ist es richtig, daß Mehrheiten sehr tyrannisch sein können und tatsächlich sehr häufig hemmungsloser und rücksichtsloser herrschen als Einzelmenschen; aus demselben, sehr einfachen Grunde, aus dem auch unpersönliche Wirtschaftskörper, wie Aktiengesellschaften, rücksichtsloser und ausbeuterischer vorzugehen pflegen als Einzelunternehmer; nämlich weil es ihren Handlungen an

---

[1]) Hobbes geht sogar soweit, die staatlichen Machtbefugnisse ausdrücklich auch auf die Gewissen der Bürger zu erstrecken; Über den Bürger, 12. Kap., § 1: „Es ist eine aufrührerische Rede, daß dem Einzelnen das Urteil über Gut und Schlecht zukomme." Hobbes kommt also, von der Vertragslehre aus, in diesem wichtigen Punkt überein mit der stärksten Macht des Beharrens und der Autorität, die die europäische Geschichte gesehen hat, mit der römischen Kirche, die denselben Grundsatz mehrfach ausgesprochen hat; besonders in der Konstitution Benedikts XIV., Sollicita ac provida, von 1758, und in der auf ihr fußenden Konstitution Leos XIII. von 1897.

der einzelnen Seele, dem menschlichen Gewissen, fehlt, das sich für diese ungeteilt verantwortlich fühlte; weil bei Mehrheitsbeschlüssen das Verantwortungsgefühl des einzelnen Mitwirkenden naturgemäß durch die vielfache Teilung aufs äußerste, oder fast bis auf Null, herunterdividiert wird. Also: es ist zwar richtig, daß die Gewalt der Mehrheit über die Minderheiten mißbraucht werden kann und daß sie häufig mißbraucht wird. Aber daraus ist nicht zu folgern, daß überhaupt das Übergewicht der Mehrheit einer Gruppe über deren Minderheit einen Willkürakt, ein Unrecht bedeute. Dieses Übergewicht, oder auch die Unterdrückung der Minderheitswillen zum Zwecke des einheitlichen Handelns, ist vielmehr ein schlechthin unentbehrlicher Behelf des menschlichen Gemeinschaftslebens.

Die nicht-rechtsfähigen Vereine stehen an sich unter Gesellschaftsrecht und müßten daher beim Fehlen abweichender Bestimmung im Statut mit Stimmeinhelligkeit ihre Geschäfte führen (BGB. § 709). Zu der Frage, ob nicht die wichtige Bestimmung über die rechtsfähigen Vereine, daß der Mehrheitsbeschluß deren obersten Willen darstellt (BGB. § 32), ohne weiteres auch auf die nicht-rechtsfähigen anzuwenden ist, schreibt Oertmann: „Das Mehrheitsprinzip ist so sehr Lebensnerv des Vereins, daß es vermöge der bloßen Namengebung Verein als statutarisch gewollt gelten kann." Dies, oder der Vergleich zwischen Gesellschaft und Verein, dieser einfachsten und auf der Stufenleiter vom Einzelwesen zur obersten Gruppe, dem Staat, am weitesten unten stehenden Verbandsformen, ist in unserem Zusammenhang noch sehr aufschlußreich. Die Gesellschaft ist in ihrem Entstehen (§ 705 BGB.) wie in ihrem Weiterleben (BGB. § 709) noch rein auf den Vertrag, also auf Stimmeneinhelligkeit, gebaut. Das ist hier möglich — außer wegen der unentziehbaren Kündigungsmöglichkeit (§ 723) — weil man sich die Genossen einzeln aussucht; was ja das Wesen der Gesellschaft gegenüber dem ihr so nahe verwandten, ebenfalls nicht-rechtsfähigen, aber auf Mitgliederwechsel berechneten Verein ausmacht. Man läuft bekanntlich bei der deutschrechtlichen Gesellschaft auch nicht die Gefahr, einen Fremden in die Gemeinschaft gesetzt zu bekommen (§ 719); daher kann es unter diesen Genossen, die sich ja selber einander ausgesucht haben, bei dem Erfordernis der Stimmeneinhelligkeit verbleiben. In eine Rechtsgemeinschaft mit einem andern kann man aber auch unwillentlich kommen (quum non affectione societatis incidimus in communionem, l. 31. Dig. 19,2); daher muß hier — falls man nicht wie das individualistische römische Recht dann sofort die Sprengung der Gemeinschaft vorzieht, also wenn man überhaupt ein gewisses Leben dieser Gemeinschaft wünscht — sofort der Mehrheitsgrundsatz eintreten, weil sonst selbst diese allereinfachste menschliche Lebenseinheit ihren Zweck verfehlen würde; nämlich, daß ein gemeinsamer Gegenstand auch wirklich gemeinsam genossen werden kann und nicht das anteilige Recht eines einzelnen unter den Gemeindern allen anderen den Genuß zu verwehren imstande sein soll.

Die Gesellschaftsphilosophie Rousseaus und der Revolution löste den Gesellschaftsverband in seine Baustoffe auf; sie trennte möglichst das Einzelwesen von den Genossen; in einem doppelten Sinne: sie löste den Menschen, wenigstens der Lehre nach, möglichst von seinen Zusammenhängen mit den mitlebenden Genossen; ebenso wie von seinen geschichtlichen Zusammenhängen mit den vorangegangenen Geschlechtern. Vereinzelungsbestreben, Individualismus, ist, wie Savigny betont hat, immer in diesem doppelten Sinne zu verstehen.

Der Grundirrtum, warum diese Auffassung die Erscheinungen der öffentlichen Gewalt niemals zu erklären vermag, liegt in diesem Ausgangspunkt; also daß sie lediglich vom Einzelwesen ausgeht und daß sie verkennt, wie sehr der Mensch schon rein biologisch — weil sonst, schon in einer einzigen Geschlechterfolge, die Art aussterben würde, bei der langdauernden Hilflosigkeit des Nachwuchses — auf das gesellschaftliche Leben, auf das Zusammenleben mit Artgenossen angewiesen ist. Diesen Grundirrtum der rationalistischen Gesellschaftslehre hat merkwürdigerweise schon Montesquieu, seiner Zeit vorauseilend, richtig erkannt. In den Persischen Briefen (Brief 94) schreibt er: man frage soviel nach den Gründen, warum die Menschen in Gruppen, Gesellschaften und Staaten sich zusammenschlössen; da der Mensch neben seinen Geschwistern geboren werde und viele Jahre lang nur im Kreise der Eltern und durch deren Fürsorge leben könne, sei dieses Zusammenleben ja vielmehr das gegebene und notwendige, und umgekehrt müßte man nach besonderen Erklärungen suchen, wenn der Mensch von den Menschen zu fliehen suchte. Die „gegenseitige Hilfe“ (Krapotkin), oder die durch das Streben nach Arterhaltung gegebenen Antriebe, die Hingabe an die Artgenossen,[1]) ist dem Menschen ebenso ursprünglich, wie die Triebe der Selbsterhaltung oder die eigensüchtigen Triebe. Es ist ja nicht wahr, daß der Kampf aller gegen alle (homo homini lupus; Thomas Hobbes) oder der Kampf ums Dasein — ebenfalls eine hauptsächlich britische Lehre — der wichtigste Beweger und die fruchtbarste Kraft des menschlichen Daseins sind. Vielmehr ist die Hingabe der Eltern an die Nachkommen und das Einstehen der Genossen füreinander ebenso ursprünglich und ebenso triebstark wie die Selbstbehauptung der Einzelnen; im Triebe der Arterhaltung, der zum Opfer für andere zwingt, liegt die Grundlage aller sittlichen und damit auch aller staatlich-gesellschaftlichen Lebenserscheinungen.

Thomas Carlyle lehrt — ich stelle die Behauptung, welche die folgenden Ausführungen begründen wollen, an die Spitze —: öffentliche Gewalt, Befehlsbefugnisse über die Genossen, bilden sich an der Stelle aus, von der aus öffentliche Zwecke wirksam verfolgt werden; die Tätigkeit für andere verschafft Macht über andere. Die Tätigkeit für andere, die Funktion, bildet sich das dafür nötige Werkzeug, Organ, nämlich Macht über andere, aus[2]).

---

[1]) Darwin, „Der soziale Instinkt scheint vorzüglich durch das längere Verweilen des Nachwuchses bei den Eltern entwickelt zu werden.“

[2]) Diese wichtige, staatlich-gesellschaftliche Erkenntnis ist zwar bei Carlyle nirgendwo in einer wissenschaftlich-planmäßigen Weise ausgesprochen. Das Systematische liegt seiner stets gedankenreichen und geistvollen, aber auch höchst eigenwilligen und sprunghaften Art offenbar nicht. Aber diese Auffassung, die zu Grunde liegt, tritt doch im ganzen deutlich genug zutage. In „Vergangenheit und Gegenwart“ gibt er ein eindringliches Bild der mittelalterlichen Staats- und Gesellschaftsbildung und erkennt deren sozialpolitische Überlegenheit über die neuzeitlichen mammonistischen Formen; im Grunde als erster, wenn man von Justus Moeser absieht, den er vermutlich nicht kannte; denn die Romantik und die geschichtliche Schule der Rechtswissenschaft hatte ihre Verehrung für die Vergangenheit ja mehr gefühlsmäßig ausgesprochen als wissenschaftlich begründet. Eine solche Begründung kann man schon viel eher den Schriften der praktischen Staatsmänner dieser Zeit entnehmen, wie F. A. L. von der Marwitz und des Freiherrn von Stein, obwohl, nebenbei bemerkt, diese beiden bis zu einem gewissen Grade Gegner waren. F. A. L. von der Marwitz

Der § 1627 unseres Bürgerlichen Gesetzbuches bestimmt, daß der Vater kraft der elterlichen Gewalt das Recht und die Pflicht habe, für die Person und das Vermögen des Kindes zu sorgen; er hat vor allem die Pflicht dieser Fürsorge und er braucht, um diese Pflicht erfüllen zu können, gewisse personenrechtliche Befugnisse gegenüber dem Kinde und im Notfalle gegenüber Dritten: er muß das Kind erziehen und beaufsichtigen dürfen (§ 1631); er muß des Kindes Vermögen in Besitz nehmen, um es verwalten zu können. Diese Rechte, oder die sogenannte elterliche Gewalt, sind das notwendige Werkzeug der den Eltern obliegenden Fürsorge.

Der § 745 unseres Bürgerlichen Gesetzbuches bestimmt, daß die Verwaltung und Benutzung eines gemeinschaftlichen Gegenstandes durch Stimmenmehrheit, also auch gegen den Willen der Überstimmten, geregelt werden kann und daß dieser Mehrheitsbeschluß auch die Rechtsnachfolger der zur Zeit dieses Mehrheitsbeschlusses vorhandenen Mitglieder bindet. Diese Möglichkeit bestand im römischen Rechte nicht, weil dieses die gewöhnliche Gemeinschaft noch rein privatrechtlich, rein individualistisch, gestaltete. Diese Bindendheit des Mehrheitsbeschlusses läßt sich schlechthin nicht mehr rein privatrechtlich, aus Vertrag, erklären. Diese Macht der Mehrheit über die Minderheit und über später Eintretende ist vielmehr die ursprünglichste und einfachste Form gesellschaftlicher, d. h. öffentlicher Gewalt; eben wegen dieser Einfachheit ist hier, wie schon oben zu betonen war, das Wesen der öffentlichen Gewalt leicht zu erkennen. Diese menschliche Gruppe, lediglich dadurch verbunden, daß mehreren ein Gegenstand gemeinsam gehört, hat den sehr einfachen und eindeutigen Zweck, daß der gemeinschaftliche Gegenstand gemeinsam benutzt werden könne. Um das zu ermöglichen, muß ein einheitlicher Wille der Mehrheit herstellbar sein, weil sonst die Querköpfigkeit eines Einzelnen den Zweck der Gruppe, Genuß des gemeinschaftlichen Gegenstandes durch

weist in demselben Zusammenhange darauf hin, daß das durch die Gesetzgebung seiner Zeit beseitigte „Obereigentum" des Grundherrn die wesentliche Bedeutung gehabt habe, den kleinen Bauern gegen Veräußerung und Verschuldung zu schützen, also ihm die Scholle zu erhalten.

die Gemeinschaft, schlechthin vereiteln könnte (vgl. oben). Dies ist die einfache aber schlechthin durchschlagende Rechtfertigung des Majoritätsgrundsatzes, der in der Neuzeit eine so gewaltige politische Rolle spielt und spielen muß, weil nach dem Zurücktreten der gewachsenen Verbände, wie Stamm, Sippe, Familie, das erste Erfordernis politischer Organisation, das einheitliche Handeln der Vielheit, nur auf diese Weise zu erreichen ist. Es ist aufschlußreich, aber durchaus folgerichtig, daß die römische Kirche, diese großartigste Verkörperung des Autoritätsgedankens, das Majoritätsprinzip als Grundelement der Verfassung oder der Herstellung des souveränen Willens grundsätzlich ablehnt.

Der Gemeinschaftszweck schafft sich das notwendige Organ, die Befehlsgewalt der Mehrheit über die Minderheit. Damit, in der väterlichen Gewalt und in der Gewalt der Mehrheit innerhalb der Gemeinschaft, haben wir die zwei Grundformen der Entstehung öffentlicher Befehlsgewalt unter Menschen: erstens überliefertes Ansehen, vielfach, aber nicht notwendig auf Abstammung beruhend; und zweitens Mehrheit; Autorität oder Majorität.

Begründung öffentlicher Gewalt durch einen darauf gerichteten Vertrag, also zwischen ursprünglich gleichstehenden Vertragschließenden (pactum subjectionis), kommt tatsächlich zuweilen geschichtlich vor.[1])

Aber sie setzt, z. B. bei einer bewußten Staatsgründung durch Zusammentritt von Siedlern, den Begriff einer öffentlichen Gewalt bei den Vertragschließenden schon voraus; diese wird nicht erst durch den privatrechtlichen Vertrag geschaffen.

In der deutschen Rechtsgeschichte entwickelt sich öffentliche Gewalt, Befehlsbefugnis einer bestimmten Stelle über die Genossen, in einer für das Wesen dieser Gewalt höchst aufschlußreichen, ja geradezu begriffsvorbildlichen Weise; wohl um deswillen, weil eben der freiheitliebende Germane eine Befehlsgewalt über sich nur sehr widerwillig

[1]) Die in mancher Hinsicht bemerkenswerten Verträge, durch die die deutschen Landesfürsten im 17. und 18. Jahrhundert, die im Ausland, besonders in Frankreich, wegen ihres Glaubens Verfolgten einbürgerten, sind bis zu einem gewissen Grade Beispiele von Gesellschaftsverträgen.

einräumte und nur gerade soweit, als die öffentliche Aufgabe dies allerdringlichst erforderte. „Die germanischen Staatsgewalten hatten nur in Ausnahmefällen zu befehlen" (Gustav Neckel, Altgermanische Kultur, S. 32) [1]).

Öffentliche Gewalt tritt bei den Germanen ursprünglich lediglich als Heerbann und Gerichtsbann auf [2]), weil Wahrung des Friedens nach außen und im Innern die ersten und wesentlichen Aufgaben der öffentlichen Gewalt sind; die ersten und wesentlichsten Aufgaben auch noch auf höheren Gesittungsstufen, wo die Staatsgewalt neben diesem ursprünglichen Sicherungszweck noch eine Menge anderer öffentlicher Zwecke, sogenannte Wohlfahrts- und Kulturzwecke, verfolgt. Je weiter man den Aufgabenkreis der öffentlichen Gewalt spannt, um so mehr Gewalt muß man ihr einräumen. Betrachtet man die Schulung des Nachwuchses als öffentliche Angelegenheit, so muß man den Schulzwang schaffen. Verlange ich vom Staat einen wirksamen Schutz des heimischen Weinbaus gegen die Reblaus, so muß ich ihm dazu das eingreifende Recht einräumen, im Bedarfsfalle meinen Weinberg zu zerstören. Die Erweiterung der Staatszwecke ist immer nur möglich auf Kosten der persönlichen Freiheit. Diese Erweiterung und zuweilen Überspannung der Staatsaufgaben, wie sie die Ausbildung des neuzeitlichen Staates in der Aufklärungszeit kennzeichnet, ist in unserer Rechtsgeschichte wohl einerseits durch die starke Zersplitterung der staatlichen Gewalt auf die zahlreichen engeren Kreise entstanden, in den Städten und

[1]) G. W. F. Hegel, Vorlesungen über die Philosophie der Geschichte, herausgegeben 1840: „Bei den Germanen war die Gemeinde nicht Herr über das Individuum; denn das Element der Freiheit ist das Erste bei ihrer Vereinigung zu einem gesellschaftlichen Verhältnis. Die alten Deutschen sind berühmt durch ihre Freiheitsliebe, und die Römer haben sie gleich anfangs so richtig aufgefaßt. Die Freiheit ist in Deutschland bis auf die neuesten Zeiten das Panier gewesen, und selbst der Fürstenbund unter Friedrich II. war aus Freiheitsliebe entstanden". — Hegel, Über die Verfassung Deutschlands, 1802: „Die Form des deutschen Staatsrechtes ist tief in dem gegründet, wodurch die Deutschen sich am meisten berühmt gemacht haben, nämlich in ihrem Trieb zur Freiheit. Dieser Trieb ist es, der die Deutschen, nachdem alle europäischen Völker sich der Herrschaft eines gemeinsamen Staates unterworfen haben, nicht zu einem ‚gemeinschaftlicher Staatsgewalt sich unterwerfenden Volke' werden ließ."

[2]) Cäsar berichtet ausdrücklich, daß die Germanen erst bei bevorstehendem Krieg eine selbstherrliche Befehlsstelle (einen magistratus mit imperium) schufen.

den Fürstentümern; zum anderen Teil durch das antik-hellenistische Vorbild. Jedenfalls ist diese Vielfältigkeit der Staatsaufgaben dem germanischen Staat nicht ursprünglich.

Heerbann und Gerichtsbann; um die Aufgabe der Friedensbewahrung erfüllen zu können, nach außen und nach innen, muß der Staat eine bestimmte Macht haben.

„Das Recht, den Unbotmäßigen zu strafen," schreibt W. Sickel (Zur Geschichte des Banns, Marburger Programm, 1886), „ist dem Gesetzgeber (lex ribuaria 65, 1) nicht selber ein Recht, sondern eine Wirkung des Rechts auf die Handlung .... ohne diesen Zwang würde der Befehl des Königs in Wirklichkeit eine Bitte sein" .... Es ist .... „aus sachlichen Gründen wahrscheinlich .... daß die 60-Schilling-Buße für Versäumung eines Aufgebotes zu einem Untertanendienst von der Wehrpflicht ausgegangen und von dort auf andere Leistungen ausgedehnt ist" ...., wie „der Ausdruck Heerbann für die Königsbuße überhaupt" gebraucht wird.

„Die Rechte des Königtums äußerten sich entsprechend seiner Aufgabe, den Frieden im Innern und nach außen zu schützen, zumal als Gerichts- und Heerbann. Bann ist aber das Recht, bei Strafe zu gebieten und zu verbieten", schreibt Heinrich Brunner.[1])

Es war übrigens auch nicht anders im älteren römischen Staatswesen; im älteren römischen Staatswesen, d. h. vor dessen Orientalisierung, die im Grunde schon nach den Bürgerkriegen, mit dem Prinzipat des Augustus beginnt und die vollendet wird unter den Severen und Diocletian. Theodor Mommsen schreibt (Grundriß des römischen Staatsrechts): „Die Magistratur wird in ihrer Ursprünglichkeit gefaßt als der Inbegriff der Rechtspflege und des Heerbefehls". Dazu wird ihr das Jus coercendi, die Macht, bei Strafe zu befehlen; dies, (was ja auch die eine und wohl die ursprüngliche Bedeutung des Wortes Bann in unserer Rechtsgeschichte ist), die Befugnis zum Aussprechen der multae dictio, Bannbuße, ist der eigentliche tatsächliche Inhalt der Regierungsgewalt (des Imperiums), der gesetzgebende

[1]) Reichsgerichtsrat Georg Müller schreibt in seinem feinen und ungeheuer stoffreichen Buch „Recht und Staat in unserer Dichtung", 1924, einfach: „Der germanische Staat ursprünglicher Prägung hatte sich nur im Heer- und Gerichtswesen betätigt."

Gewalt keineswegs begriffsnotwendig ist[1]); auch nicht die richterliche Gewalt in dem Sinne, daß die öffentliche Stelle den Bescheid über Recht und Unrecht selber finden müsse; dieses kann vielmehr bei den Genossen sein, ebenso wie das ‚Recht schaffen' durch Gesetz. Das Wesen der Gerichtshoheit oder des Gerichtsbannes liegt vielmehr in dem Friedensbefehl; daß die öffentliche Gewalt die im Rechtsstreit Befindlichen zwingt, den körperlichen Kampf um das Recht zu unterlassen und sich bei dem gerichtlichen Urteil zu beruhigen. Heerbann ist, wie schon gesagt, die Befugnis, dem Aufgebot und Heerbefehl Gehorsam zu verschaffen. Zu dieser wie zu jener Funktion, dem Gerichtsbann, gehört vor allem äußere Macht. Darin liegt der Grund und die sittliche Rechtfertigung der öffentlichen Gewalt.

„Wo das Schwert nicht wäre und Frieden hielte, müßte alles, was in der Welt ist, durch Unfrieden verderben", schreibt Luther einmal. Durch das schwerttragende Rolandbild wird in gewissen niedersächsischen, besonders in ostfälischen Gegenden die Gerichtsstätte bezeichnet; daß der Schwertgott Ziu bei den Germanen zugleich der Gott des Gerichtes ist, kennzeichnet durch ein anschauliches Sinnbild jenen notwendigen Zusammenhang zwischen Machtausübung und Rechtsschutz.

Die anarchistische Lehre sagt, jegliche Gewaltanwendung, auch die von Seiten des Staates geübte, ist Willkür, Unrecht, wenn nicht der sie Erleidende vorher vertraglich eine solche Handlung sich gegenüber eingeräumt hat für den Fall, daß er sich in der bestimmten verbotenen Weise verhalten würde. Daher könne nicht die jetzt bestehende Zwangsgemeinschaft, sondern nur eine Vereinbarungs-, Konventionalgemeinschaft eine gerechte, sittlich begründbare öffentliche Gewalt schaffen. Rudolph Stammler hat[2]) gegenüber diesen

[1]) v. Amira, Grundriß des germanischen Rechts, 2. Aufl. 1897, S. 94: „. . . der Träger dieses Regiments der geborene Heerführer des Volkes; . . . . aber auch die Sorge für Ordnung und Rechtspflege oder mit einem Wort, die Friedensbewahrung, oblag dem altgermanischen König . . . . Andererseits fehlt ihm alle und jede selbständige Gesetzgebungsgewalt."

[2]) Vielfach: in knappster Form in „Rechts- und Staatstheorien der Neuzeit": „Der anarchistische Vorschlag, nur konventionales Verbinden grundsätzlich anzuerkennen, ist deshalb verfehlt, weil er die zufällige Befähigung zu freier Konvention bei einzelnen Menschen voraussetzt und sich nicht für die Regelung jedes denkbaren menschlichen Zusammenlebens in gleicher Weise eignet."

Aufstellungen darauf hingewiesen, daß der Friedensschutz des Staates auch solchen zuteil werden und daher die dafür notwendigen Befehlsbefugnisse auch ihnen gegenüber zustehen müßten, die solche Vereinbarungen nicht getroffen haben oder treffen können, wie Ausländer, Kinder, Geisteskranke. Die unterste, wenigst umfassende und doch im Grunde wichtigste menschliche Lebensgemeinschaft — nämlich die der Aufzucht oder der Sicherung des Nachwuchses dient, die Familie — ist dem Menschen schlechthin, biologisch, vorgeschrieben und kann doch niemals auf Vertrag beruhen; man kann bekanntlich seine Kinder nicht vorher fragen, ob sie in die Welt gesetzt sein wollen oder nicht. Andererseits hat es vielleicht auch etwas Einleuchtendes, wenn Hermann U. Kantorowicz gegen diese Stammlersche Rechtfertigung der Zwangsgemeinschaft eingewendet hat, es habe keine große Überzeugungskraft, wenn dieses Staatswesen damit als die einzig mögliche Lebensgemeinschaft für Kinder und Kranke erwiesen werde; — also, daß solche nur in dieser Form an einer Lebensgemeinschaft Teil haben könnten. Man kann allerdings, wie ich glaube, die Lebensnotwendigkeit der Zwangsgemeinschaft und die schlechthinnige Unzulänglichkeit einer Vereinbarungsgemeinschaft als Grundlage der öffentlichen Gewalt noch überzeugender begründen; wenn auch übrigens und an sich der Stammlersche Hinweis darauf, daß die bloße Vereinbarungsgemeinschaft schon für die schlechthin unentbehrlichste menschliche Gruppenbildung, die Familie, nicht ausreicht, sehr zutreffend ist.

Die Lebensnotwendigkeit; alle kulturwissenschaftliche Erörterung geht freilich von einer bestimmten Bejahung oder Wertung aus[1]); notwendig im Sinne von mechanisch notwendig ist freilich nichts für menschliches Handeln. Wer das Leben schlechthin verneint und der Überzeugung ist, daß die menschliche Gattung besser wieder ausstürbe, dem kann freilich eine gesellschaftliche Einrichtung nicht damit gerechtfertigt werden, daß sie dem Menschen lebensnotwendig sei. Solche völlige Verneinung ist denkbar und auch geschichtlich schon aufgetreten. Es hat Sekten gegeben, die sich grundsätzlich entmannten; müde indische Lebensweisheit hat das Nirwana als höchstes Lebensziel aufgestellt:

[1]) Vgl.: Erich Jung, „Das Gesetz der Geschichte", 1925.

zahlreiche und geschlossene Gruppen von Menschen, wie z. B. Mönchsorden, waren so lebensfeindlich oder so eigensüchtig, daß sie sich grundsätzlich der Last der Aufzucht von Nachkommen entzogen, daß sie das empfangene Leben nicht weitergeben wollten. Aber die anarchistische Lehre ist nicht so lebensfeindlich wie diese äußersten buddhistischen und christlichen Richtungen. Sie bejaht vielmehr das Menschenleben und daher auch irgendwelche Form des Zusammenlebens, da ja eine solche schon allein durch die lange Dauer hilfloser Jugend bei der Menschengattung schlechthin vorgeschrieben ist.

Wenn man also nachweist, daß das Auftreten von Gewaltmaßregeln in gewissen Fällen, auch ohne vorherige Selbstunterwerfung, von jedem Zusammenleben von Menschen mit Menschen schlechthin untrennbar ist, wäre auch für die anarchistische Lehre die Berechtigung der Gewaltanwendung erwiesen.

Der anarchistische Tadel setzt besonders an der öffentlichen Strafe ein; wenn der Staat den Tod oder schwere Freiheits- und Vermögensstrafe gegenüber einem Rechtsgenossen durchsetzt, weil dieser den in den staatlichen Strafgesetzen enthaltenen Normen zuwider gehandelt hat. Und zwar ist gerade hier jene Kritik bis zu einem gewissen Grade begreiflich; besonders gegenüber der Art, wie die Strafrechtspflege bis in die junge Vergangenheit, bis ins 18. Jahrhundert, gehandhabt wurde; in unserem heutigen Rechtsleben bildet wohl nur noch die absolut, d. h. für bestimmte Taten notwendig und ohne irgendeinen Spielraum oder Strafrahmen anzuwendende Todesstrafe einen Rückstand aus den Zeiten, wo die Strafrechtspflege unter dem grausamen, übrigens ungermanischen[1]) Gedanken der schlechthinnigen Wiedervergeltung von Gleichem mit Gleichem stand.

Trotzdem, nämlich trotz gewisser Entartungserscheinungen des Strafrechts auf einer gewissen mittleren Stufe, die den erhobenen Einwänden gegen diese staatlichen Zwangseingriffe eine gewisse Scheinbarkeit verleihen können, ist auch hier die anarchistische Lehre leicht zu widerlegen.

---

[1]) „Die Talion findet in germanischen Rechten erst unter dem Einfluß des mosaischen Rechts Eingang"; Claudius von Schwerin, bei Hoops, Reallexikon der germanischen Altertumskunde.

Montesquieu schreibt einmal, in der germanischen Rechtsentwicklung erscheine die staatliche Strafgesetzgebung zuerst in der Weise, daß sie zum Schutze des Verbrechers eingreife. Und das ist tatsächlich richtig; sie greift mit ihren Bestimmungen über die Bußsumme, compositio, derart ein, daß sie „zunächst in einer Reihe von Fällen das Recht der Rache versagte und nur einen gerichtlichen Anspruch auf Sühne begründet sein ließ“ (Brunner); diese Gesetze richten ihr Gebot tatsächlich an den Verletzten, nicht an den Verletzer[1]).

Daß die öffentliche Gewalt den Verletzten, bzw. seine Sippe, zwang, sich die Rache abkaufen zu lassen, hat sicher zunächst den herrschenden Ehrbegriffen aufs schwerste widerstrebt; ähnlich wie auf späteren Stufen das Verbot des Ehrenschutzes durch Selbsthilfe, des Duells. „Sitzen sollte / zur Seite uns Niemand, / dem feil um Ringe / des Vaters Leiche“. (Aus dem Ingjaldlied; übersetzt von Felix Genzmer. Edda, I., S. 188.)

Schätzung der Bußsumme durch Selbsturteil, d. h. nach dem Ermessen des Gekränkten, bietet Bjarni, der Thorkels Vater erschlagen hat, diesem zur Sühne an, um ihm den Entschluß zum Frieden zu erleichtern.

Die heutige Öffentlichkeit der Strafe darf uns nicht verhüllen, daß „das Strafrecht der deutschen Volksrechte sich durch das Vorherrschen der p r i v a t r e c h t l i c h e n — genauer, geschlechtsgenossenschaftlichen — Auffassung von Verbrechen und Strafe kennzeichnet“[2]).

Daß die Strafe ursprünglich Rache des Verletzten ist, geht auch daraus hervor, daß die vom Staat gehandhabte Strafe zuerst da auftritt, wo die Öffentlichkeit sich selber als Verletzten fühlt, wie bei Kriegsverrat und Landesverrat; und daß die staatliche Strafe dann weitergreift unter dem Gedanken, der Friedensbruch gegenüber dem Verletzten bedeute um deswillen auch eine Verletzung der Gesamtheit, weil diese Frieden gebiete. Dies drückt sich dann darin aus, daß der

---

[1]) Vgl.: Karolingisches Kapitular von 779, Kap. 22. Si quis pro faida pretium recipere non vult, tunc ad nos sit transmissus . . . .

[2]) Röthe, Zum ältesten Strafrecht der Kulturvölker, 1905: „Das Wort für die Privatverfolgung, ‚rächen‘ ist gemein-Germanisch . . . . Das Wort ‚Strafe‘ ist erst jung bezeugt.“

Verletzer neben dem an den Verletzten und seine Sippe zu bezahlenden Betrage das Friedensgeld, fredus oder fredum, an die Gesamtheit zahlen muß. Das allgemeine Friedensgebot seitens der öffentlichen Gewalt findet in den Gottesfrieden und dann in dem Allgemeinen Landfrieden seine besondere Aussprache.

Es gibt drei Arten des Rechtszwangs oder der gewaltsamen Antwort auf das Unrecht: erstens Erfüllungszwang — also daß der Nachbar künftig die Ackergrenze zu achten gezwungen wird, daß er die Sache herausgeben muß, die mir gehört oder die er mir zu leisten schuldet —; zweitens Schadenersatz und drittens Rache oder Strafe.

Den Rechtsschutz auszuüben ist ursprünglich Sache des Verletzten und seiner Sippe. Auch noch in unserer Rechtsordnung ist die Ausübung des Rechtszwangs, soweit dieser „erforderlich ist, um einen gegenwärtigen rechtswidrigen Angriff von sich oder anderen abzuwenden" (§ 227 BGB.; § 53 StrGB.), noch schlechthin dem Bedrohten, also dem einzelnen Rechtsgenossen, überlassen, ohne daß dieser zu überlegen braucht, ob denn die Verletzung, die er dem Angreifer zufügt, nicht außer Verhältnis steht zu dem Schaden, der ihm durch den Angriff droht. Darin kommt noch sehr deutlich jene älteste Auffassung zutage, daß Friedlosigkeit die Folge des Rechtsbruchs ist[1]).

„Die Notwehr ist begrifflich ein Kampf gegen den Friedlosen" (His, Strafrecht der Friesen, S. 74). „Letzten Endes beruht jede schädigende Selbsthilfe auf einer, wenn auch nur relativen Friedlosigkeit". (Claudius v. Schwerin, unter Rechtsschutz in J. Hoops, Reallexikon der Germanischen Altertumskunde.) Die angriffsweise zu übende Selbsthilfe ist ja nun, im Gegensatz zu der verteidigungsweise zu übenden, in verhältnismäßig enge Grenzen gebannt. Aber das ändert nichts an ihrem Wesen. Bekanntlich ist der gerichtliche Streit

[1]) „Das Germanische Strafrecht fußt auf dem Gedanken, daß, wer den Frieden bricht, sich selbst aus dem Frieden setzt," sagt Brunner, Grundzüge der deutschen Rechtsgeschichte, § 8.

Man könnte das noch weiter fassen und sagen, daß jede Rechtswidrigkeit mindestens eine teilweise Friedlosigkeit herbeiführt, indem dem Widerspenstigen wenigstens bezüglich bestimmter Rechtsgüter, der Freiheit, des Besitzes, der Rechtsschutz entzogen wird; nämlich dann, wenn eine Zwangsvollstreckung gegen ihn in Lauf zu setzen ist.

aus der Selbsthilfe oder dem Kampf der Beteiligten um das Recht hervorgegangen. Das kommt in dem Friedensbefehl des Prätors: „Laßt beide die Hand ab von der Sache", (mittite ambo hominem), ja noch recht deutlich zum Ausdruck. Im bürgerlichen Rechtsstreit zeigt die sogenannte Verhandlungsmaxime — daß die staatliche Gewalt nur auf Anrufen des Beteiligten und nur im Maße von dessen Antrag in Bewegung gesetzt wird — ja noch sehr deutlich diese Herkunft des Gerichtsschutzes aus dem Selbstschutz; wenn auch der angriffsweise geltend zu machende Erfüllungs- und Ersatzzwang seit den allgemeinen Landfrieden der Selbsthilfe entzogen und den Gerichten vorbehalten ist[1]).

Der verteidigungsweise auszuübende Rechtszwang, die Notwehr, ist noch völlig dem Bedrohten überlassen. Der Strafzwang ist allerdings, wenn wir von der Privatklage absehen, völlig dem Verletzten aus der Hand genommen, beziehentlich auf das immerhin wichtige und im Zusammenhang dieser Betrachtungen bedeutsame Recht des Verletzten zusammengeschrumpft, daß er (Neue Strafprozeß-Ordnung, § 172), wenn die Staatsanwaltschaft die öffentliche Klage ablehnt, gerichtliche Entscheidung darüber beantragen kann. Aber geschichtlich liegt auch bei der sogenannten Strafe oder der nachträglichen Zufügung eines Übels als Antwort auf die vorangegangene Rechtsverletzung die Herkunft aus der Selbsthilfe des Verletzten noch deutlich zu Tage.

In Friedrichs II. Landfriede zu Mainz vom Jahre 1235 heißt es: „Wir setzen und gebieten, was Sach jemand . . . geschähe, daß er das nit räche, er klag es seinem Richter . . ., es sei denn, daß er sich zu Not muß wehren seines Leibes und seines Gutes."

[1]) Th. Sternberg, Allgemeine Rechtslehre, 1904, S. 48/49: „. . . . die Urform des Prozesses, von der offenen Gewalt, vom Krieg nicht zu unterscheiden . . . . Der Rechtsstreit ist also anfangs ein wirklicher Kampf, woran selbst im ältesten römischen Prozeß gewisse Formen noch sehr deutlich erinnern. In der Fehde dauert er noch lange als solcher fort. Entsprechend dieser Tatsache . . . . ist der frühe Prozeß allenthalben Anklage- oder Akkusationsprozeß, d. h. ein solcher, der nur durch Handlungen der Parteien eingeleitet und durchgeführt wird."

Auch richterlicher Rechtsschutz ist im Grunde genau dasselbe wie Notwehr, nämlich: gewaltsame Antwort auf eine Rechtsverletzung. Und auch die öffentliche Strafe ist nichts anderes[1]).

Die Strafe erfolgt, weil das gekränkte Rechtsempfinden des Verletzten und der Genossen unbedingt eine Antwort, eine Reaktion auf die begangene Tat, verlangen, auch wenn diese Reaktion nachhinkt und sachlich nichts wieder gut macht. Die Zufügung eines Strafübels muß erfolgen als Antwort auf die Tat; nicht wegen des Täters; sie muß erfolgen, weil andernfalls die Selbsthilfe oder die Lynchjustiz eintreten würde. „Wenn sich die Sozietät des Rechts begibt, die Todesstrafe zu verfügen, so tritt die Selbsthilfe unmittelbar wieder hervor, die Blutrache klopft an die Tür." (Goethe, Maximen und Reflexionen; aus Wilhelm Meister.)

„Alles Recht und alle positiven Gesetze sind nur ein ewiger Versuch, die Selbsthilfe der Individuen gegeneinander abzuwehren." (Goethe, Unterhaltungen mit dem Kanzler von Müller, S. 51[2]).

[1]) Erich Marcks, Erinnerungen an Bismarck, S. 55: Bismarck sagt: „Es ist ein großer Fehler unserer Richter, daß sie sich anmaßen, gerecht sein zu wollen; gerecht ist nur der allwissende Gott. Um jede Strafe wirklich ‚gerecht' abmessen zu können, müßte man in jedem Fall die weitestgehenden Untersuchungen anstellen über . . . . das Vorleben des Verbrechers, seine Erziehung, seinen Umgang, seine natürlichen Anlagen und die seiner Vorfahren, sein körperliches und geistiges Befinden . . . . Die Richter haben einfach als Vertreter der Gesellschaft das Notwehrrecht anzuwenden."

„So lange die Strafe auch als Notwehr gilt der gefährdeten Gesellschaft durch den ihr täglich neue Gefahr drohenden Verbrecher"; Der neue Pitaval, herausgegeben von den Kammergerichtsräten Hitzig und Hering, 15. Teil, 1860.

[2]) M. E. gibt diese Erwägung auch den Maßstab, die richtige Gleichung zwischen der verübten Rechtsverletzung und dem Strafübel zu finden; das Maß von Strafe genügt, das die Rechtskränkung bei dem Verletzten und bei den Genossen wenigstens seelisch wieder beseitigt; daher da, wo der staatliche Rechtsschutz in ausgesprochenem Maße zu schwächlich ist, nämlich in neuerer Zeit bei Ehrverletzungen — im Gegensatz nebenbei bemerkt, zum Ehrenschutz in älterer Zeit (vgl. W. Merck, Vom Werden und Wesen des deutschen Rechts, 1. Aufl., S. 71) — die Selbsthilfe, hier das Duell, wieder eintritt.

Hans Dankberg (Deckname für Hans von Hentig, wie die 2. Aufl., beide ohne Jahr, kundgibt), „Vom Wesen der Moral", S. 135: „Wenn der Staat aus begreiflichen Gründen einen ziemlich tiefen Durchschnittswert des Ehrgefühls annimmt, so muß es dem Besitzer höherer Werte erlaubt sein, sich schwerer geschädigt zu fühlen, heftiger gegen einen Angriff zu reagieren, und eine höhere Rechnung zu präsentieren . . . . Die Sitte des Zweikampfes ist ein getreuer Wächter über den Frieden aller derer, die ihr anhängen. Kein Kadi und kein Beleidigungsparagraph reichen an ihr Segenswerk heran."

Der gewaltsame Eingriff in ein sonst geschütztes Rechtsgut tritt vielleicht bei der Notwehrhandlung am deutlichsten zutage; aber im Grunde ist das Vorgehen des Gerichtsvollziehers und die staatliche Strafvollstreckung nichts anderes; nämlich nur zu erklären daraus, daß der, gegen den sie sich wenden, sich vorher durch eine rechtsverletzende Handlung selber aus dem Frieden gesetzt hat. Die Strafe hinkt zwar, notgedrungen, weil man eben eine in der Vergangenheit geschehene Tat niemals wirklich ungeschehen machen kann, ebenso wie vielfach auch der Schadenersatz als der Versuch sachlicher Wiedergutmachung der geschehenen Rechtsverletzung, auf sehr unvollkommenen Krücken hinterher; besonders, wenn man sie mit dem Erfüllungszwang vergleicht. Aber sie ist dabei doch auch noch Notwehr, Abwehr gegenwärtiger Verletzung; nämlich der bei dem Verletzten, wie bei den Rechtsgenossen, noch vorhandenen seelischen Kränkung, die durch die Bestrafung der Tat aus der Welt geschafft werden muß, um den inneren Frieden wieder herzustellen; damit der innere Frieden nicht durch Lynchjustiz gestört wird[1]).

Gewalt gegen einen Genossen, die von andern Genossen, von der Gesamtheit, nicht gemißbilligt, sondern sogar unterstützt wird, ist die Grunderscheinung des Rechtslebens oder der innerhalb einer bestimmten geschichtlichen Lebensgemeinschaft durchgeführten Formen gewaltsamer Unrechtsabwehr. Auch hier kann uns das deutsche Rechtsleben der älteren Zeit eine anschauliche Erläu-

Die Frage der sog. Strafrechtstheorien kann natürlich hier nicht aufgerollt werden. Daß die Absicht gerechter sittlicher Vergeltung aber ein Rückstand ist aus vorwissenschaftlichen, theologischen Stadien der staatlichen Entwicklung, ist m. E. nicht zweifelhaft. „Ich strafe meine Verbrecher, weil sie der Gesamtheit schaden, ich bin kein Pfaff," läßt Walther von Molo einmal Friedrich den Großen sagen, und hat wohl dazu in Gesprächen oder Briefen eine geschichtliche Unterlage. Friedrich der Große war auch in juristischen Dingen eine höchste, schöpferische Begabung; er schaffte bekanntlich 1740 bezw. 1754 die Folter ab; England 1772; Frankreich 1789. Seine Abhandlung, Über die Gründe, Gesetze einzuführen oder abzuschaffen, 1748 (?), nennt Präsident Stölzel (Fünfzehn Vorträge, S. 147) „einen das Landrecht an Geistesreichtum weit überragenden Essay".

[1]) Ernst Götzinger, Reallexikon der deutschen Altertümer; „Friede ist daher mit Recht gleichbedeutend, nur daß bei Recht mehr die Beziehung auf den Einzelnen hervortritt".

lerung geben: Wer, wenn auch in Notwehr, innerhalb der Gemeinschaft die Waffe gebrauchen will, muß — um nicht selbst später als Friedensstörer zu gelten — nach Möglichkeit dafür sorgen, daß seine Gewalthandlung als Notwehr gekennzeichnet wird und daß dies später bewiesen werden kann; er soll das „Gerüfte" erheben, um Zeugen und Helfer herbeizurufen. „So rufe Toyodute über deinen und des Landes verfesteten Mann; dann müssen dir das Gericht und die Dingpflichtigen folgen und Hilfe leisten", heißt es im Richtsteig Landrechts des 14. Jahrhunderts (Ausgabe von Homeyer)[1]).

Wenn die oben vorgetragene Auffassung der öffentlichen Strafe zutrifft — daß sie nämlich ursprünglich und letzten Endes auch nur gewaltsame Unrechtsabwehr, wenn auch notgedrungen erst nachhinkende, ist — dann ist jener anarchistische Zweifel an dem Recht der Gesamtheit zu strafen widerlegt. Dann ist nämlich erwiesen, daß die öffentliche Strafe keineswegs etwa von der öffentlichen Gewalt geschaffen ist, sondern daß sie nur eine von der öffentlichen Gewalt bewußt herbeigeführte Milderung (vgl. oben) der Selbsthilfe der Rechtsgenossen ist. Diese aber, oder auch die Notwehr in einem etwas allgemeineren Sinne, ist eine Erscheinung des Gemeinschaftslebens, die schlechthin untrennbar mit diesem verbunden ist; daß nämlich auch innerhalb der Friedensgemeinschaft deren Genosse gegenüber einer nur erst drohenden und durch Gewalt noch abwendbaren Sach- oder Personenverletzung lieber selber Gewalt gegen den Angreifer anwendet, als daß er die Schädigung erduldet. Keine Form der Gemeinschaft

[1]) Niederdeutsch Thiodute (Jodute), — süddeutsch, mit der Lautverschiebung, Zioter (Zetergeschrei); — vielleicht ursprünglich Anrufung des Schwertgottes Tiu, Ziu (Dies-piter, Zeus), der zugleich der Gott des Gerichts ist (Thing). So Chr. Petersen, Zioter (Zeter) oder Thiodute (Jodute); eine rechtgeschichtliche und mythologische Untersuchung; in „Forschungen zur Deutschen Geschichte', Göttingen, 1866. Aber auch, wenn diese sprachgeschichtliche Herleitung nicht zutrifft, sondern der Ruf in der niederdeutschen Form so viel bedeutet wie „thiod ut", gleich „Volk heraus", wie „Burschen heraus" (so H. L. Ahrens, Über Namen und Zeit des campus martius der alten Franken, Jahresbericht des Lyzeums in Hannover des Jahres 1871/72), kommt darin anschaulich zum Ausdruck die Absicht des in Notwehr Handelnden, durch Zeugen und Helfer später möglichst einwandfrei festzustellen, und daß seine gewaltsame Handlung nicht Friedensstörung war.

kann diese Tatsache oder das Auftreten von Notwehrhandlungen verneinen, noch weniger tatsächlich aus der Welt schaffen. Das Recht der Notwehr ist tatsächlich auch für den Rechtsgüterschutz innerhalb der Gemeinschaft mindestens so wichtig als der Gerichtsschutz; der Einbrecher fürchtet meist den Hund oder die Pistole des Bedrohten mehr als den etwa später eintretenden Strafzwang; dieser letztere ist ihm viel weniger gegenwirkender Beweggrund, weil er stets hofft, dieser nachhinkenden Gewalt entschlüpfen zu können. Und damit ist auch die Lehre von der alleingerechten Vereinbarungsgemeinschaft (Conventionalgemeinschaft) widerlegt; nämlich, daß nur solche Notwehr- und Strafhandlungen zu rechtfertigen seien, denen sich der Andere vorher ausdrücklich unterworfen habe für den Fall, daß er seinerseits bestimmte Handlungen begehe. Ganz abgesehen davon (vgl. oben), daß die Wohltat des Rechtsfriedens auch der heranwachsenden Aufzucht zugute kommen muß, also ohne die Möglichkeit vorheriger Vereinbarungen, — würde, wie die Gesetzgebung aller Zeiten erweist, diese vorherige Vereinbarung oder Gesetzgebung durch Vertrag (lex contractus) ebensowenig, als jemals der weitestblickende Gesetzgeber dies vermochte, alle Sachverletzungen voraussehen und bestimmen können, die friedensgefährdend sind; d. h. zu deren Abwehr als noch drohender, man selbst gegenüber einem Genossen der gleichen Friedensgemeinschaft lieber zur Gewalt greift, als daß man sie ruhig hinnähme in der bloßen Hoffnung auf künftige Wiedergutmachung. Solche vollkommene Voraussicht — und Voraussehenwollen der künftig möglichen Reibungen ist ja das Wesen der bewußt geschaffenen Regel, sowohl der gesetzgeberischen als der vereinbarungsmäßigen, in gemeinsamem Gegensatz zu Gewohnheitsrecht, Gerichtsgebrauch[1]) und zu unmittelbar aus dem Rechtsgewissen gefundenem Recht — solche Voraussicht aller möglichen Reibungen oder einzelner künftiger Bedarfstellen nach Unrechtsabwehr ist bekanntlich schlechthin unmöglich; erstens, weil die sittlichen und Rechtsbegriffe an sich innerhalb einer bestehenden geschichtlichen Lebensgemeinschaft im Laufe der Entwicklung sich ändern, entarten oder ver-

[1]) Vgl. Erich Jung, Rechtsregel und Rechtsgewissen; im Archiv f. ziv. Praxis, Bd. 118, Abschn. 8.

feinern[1]); zweitens, weil die äußeren Verhältnisse auch ganz neue Reibungsmöglichkeiten auftreten lassen, die nicht die weitestblickende Vereinbarung oder Gesetzgebung voraussehen konnte; z. B. die durch die Luftschiffahrt neu auftretenden Reibungsmöglichkeiten.

Wahrung des Friedens nach außen und nach innen ist die erste Aufgabe der Staatsgewalt. Gegen die für die zweite Aufgabe notwendige Handhabung der Gewalt wendet sich die anarchistische Lehre; gegen die kriegerische Gewalt, oder die Handhabung nach außen, wendet sich die pazifistische Lehre. Diese führt aus, so wie es gelungen sei, innerhalb der staatlichen Gemeinschaft die offene Gewaltanwendung auszuschließen oder auf Ausnahmefälle zu beschränken, so müsse dies doch auch in der größeren menschheitlichen Gemeinschaft der Völker und Staaten einmal möglich sein.

Nun, die erstere Voraussetzung ist, wie schon aus dem Vergangenen erhellt und noch kurz zu verdeutlichen ist, eben völlig falsch. Selbst innerhalb einer bestehenden rechts- oder staatlichen Friedensgemeinschaft wird beständig Gewalt angedroht und auch häufig — in Notwehr, durch Gerichtsvollzieher, durch Strafvollstreckungsbeamte — Gewalt ausgeübt. Eine höchst umfangreiche und verzweigte Amtsgliederung, nämlich die Gerichtsbehörden und ihre Hilfsbeamten, haben keine andere Aufgabe als die, die Gewaltanwendung gegenüber Genossen der Rechtsgemeinschaft in bestimmte Formen zu bringen. Daß bei der unverhältnismäßigen Übermacht dieser Stellen gegenüber dem Einzelnen, die wenigstens in geordneten Zeit-

[1]) „In emtionibus et venditionibus naturaliter est contrahentibus se circumvenire" heißt es im spätrömischen Recht, was der Auffassung unseres Reichsgerichts erfreulicherweise nicht mehr entspricht; vgl. besonders die Rechtsprechung zu § 826, 242, 138, 157. — Unsere Sozialgesetzgebung bedeutete eine bewußte Abwendung von der kümmerlichen manchesterlichen Lehre, daß, wie Thomas Carlyle es ausdrückt, die Barzahlung von Leistung gegen Leistung die alleinige Verbindung der Menschen untereinander bedeute, zu einer Auffassung, die aus der Zusammenarbeit in einem Betriebe eine engere Verbindung nach Pflichten und Rechten zwischen dem leitenden Kopfarbeiter oder Unternehmer und den Handarbeitern entstehen läßt. Auch unsere schärfere Haftung aus außervertraglichen Schädigungen, die sog. Gefährdungshaftung, nach dem vom österreichischen Reichsgerichtspräsidenten Unger und Max Rümelin zuerst geprägten Ausdruck, bedeutet eine solche Verfeinerung des Verantwortungsgefühls gegenüber der römischen, ausschließlich auf Verschulden im Einzelfall gegründeten Haftung.

läufen besteht, die einzelnen Beteiligten sich dem rechtskräftigen Urteil regelmäßig unterwerfen, weil weiterer Widerstand doch unnütz wäre, darf die Tatsache nicht verhüllen, daß es die Gewalt ist, die den Ausschlag gibt. Wenn nun also selbst innerhalb der völkisch-staatlichen Gemeinschaften, die doch durch Abstammung und Erziehung, d. h. durch Blutsverwandtschaft und gemeinsam erlebte geschichtliche Schicksale, ein mehr oder minder starkes Gemeinschaftsgefühl und ein gewisses Maß von Sich-eins-wissen besitzen, es niemals erreichbar ist, Gewaltanwendung auszuschalten, wieviel weniger wird es je möglich sein, die gewaltsame Unrechtsabwehr oder den Krieg ganz auszuschalten zwischen Gemeinschaften, die durch Sprache, Entwicklungsstufe, vielleicht selbst durch Rasse getrennt sind und die vielfach allein schon aus bloßer Fremdheit und gegenseitigem Sich-nicht-verstehen einander hassen. Wird der Versuch gemacht, so kommt er nur den Räubernaturen unter dieser Gemeinschaft zugute. „Weil das Unrecht an der Tagesordnung ist„, sagt Schopenhauer („Parerga und Paralipomena“, Bd. 2, § 125), „so ist erfordert, daß, wer das Haus baut, auch imstande sei, es zu schützen .... Die Folgen der Vernachlässigung dieser Regel sehen wir eben jetzt (1850) in China: Rebellen von innen und die Europäer von außen, und steht das größte Reich der Welt wehrlos da und muß es büßen, die Künste des Friedens allein und nicht auch die des Krieges kultiviert zu haben.“

Das „Höchste in der Welt ist der Befehl“, sagt der deutsche Dichter Hermann Burte (Strübe) in seinem großen, sozialpolitischen Roman „Wiltfeber, der ewige Deutsche“, den er seinem Volke noch kurz vor dem Kriege schenkte. Ganz ähnlich drückt diesen Gedanken Thomas Carlyle einmal aus: das seien die großen Pfadfinder und Führer der Menschheit, die das Chaos der durcheinandergehenden und einander widerstreitenden Einzelwillen durch Befehl und Führung zusammenfassen und auf große, einheitliche Kulturziele lenken. Wer, wenn eine alte Ordnung sich aufgelöst hat, eine neue

[1]) Gewisse Richtungen des Pazifismus bekämpfen, wie es scheint, nicht so sehr die Wehrhaftigkeit der Völker, sondern die Wehrhaftigkeit des deutschen Volkes — ausgerechnet des, wie Carlyle sagt, in dem Brief an die Times vom 11. November 1870, „.... edlen, geduldigen, tiefen, frommen und soliden Deutschlands“.

Befehlsstelle derart einrichtet, daß ihr Friedensbefehl tatsächlich durchdringt, der hat damit allerdings, einerlei, wie wenig legitim oder auch wie völlig illegitim diese neue öffentliche Gewalt entstand, eine nützliche öffentliche Arbeit geleistet; und darauf, auf diesem Verdienst um die Öffentlichkeit, beruht die Rechtsverbindlichkeit seiner Befehle. Wirkung hat aber der Befehl nur, wenn eine Macht dahinter steht, die ihn im Notfall, wenn der Befehl allein die Gemüter nicht zwingt, mit äußerer Gewalt durchsetzt. Deshalb ist das Schwert das zutreffende und gerechte Sinnbild der staatlichen Hoheit.

FSC
www.fsc.org
MIX
Papier | Fördert gute Waldnutzung
FSC® C083411

Kolibri 360 GmbH
Ferdinand-Jühlke-Straße 7
99095 Erfurt, Deutschland
produktsicherheit@kolibri360.de